AF614576

ISBN 978-3-662-23458-7 ISBN 978-3-662-25512-4 (eBook)
DOI 10.1007/978-3-662-25512-4

Die in den Sitzungsberichten Abt. I und Abt. II der math.-nat. Klasse der Österr. Akad. d. Wiss. erscheinenden Abhandlungen werden auch einzeln abgegeben. Sie können durch jede Buchhandlung oder direkt durch die Auslieferungsstelle der Österreichischen Akademie der Wissenschaften (Wien I, Singerstraße 12) bezogen werden.

Nachfolgende Abhandlungen aus dem Fache **Astronomie** sind erschienen:

1950 (S II a, Bd. 159):

Haupt H.: Über Phasenkoeffizienten und Albedo der kleinen Planeten Ceres, Palls, Juno und Vesta, 20 Seiten. S 21.60

Nikoloff I.: Definitive Bahnbestimmung des Kometen 1936 III (Kaho-Kozik.-Lis), 17 Seiten. S 20.40

Pastor M.: Die Feuerkugel vom 4. Jänner 1945, 17^h 52^m MEZ., 22 Seiten. S 16.—

Socher H.: Die Polhöhe der Universitäts-Sternwarte Wien. 10 Seiten. S 8.60

Socher H.: Veränderliche Fundamentalsterne der „Potsdamer Durchmusterung" (mit 2 Abbildungen), 9 Seiten. S 7.20

1951 (S II a Bd. 160):

Eichhorn H.: Die Genauigkeit einer Kreisbahnbestimmung, 15 Seiten. S 8.50

Schrutka-Rechtenstamm Erna: Definitive Bahnbestimmung des Kometen 1932 I, 25 Seiten S 19.80

Senftl E.: Definitive Bahnbestimmung des Kometen 1930 V (Forbes), 15 Seiten. S 13.60

1952 (S II a, Bd. 161):

Ferrari d'Occhieppo K.: Die Häufigkeitsfunktion der Sternmassen (mit 3 Abbildungen), 31 Seiten. S 22.50

Hopmann J.: Selenodätische Untersuchungen, 46 Seiten. S 23.90

Krumpholz H.: Beobachtungen von Kometen und von (433) Eros, 2 Seiten. S 2.20

Nikoloff I.: Photographische Positionen am Normal-Astrographen, 2 Seiten. S 2.20

Schütte K.: Galaktozentrische Bahnelemente von 1026 Fixsternen in der nächsten Umgebung der Sonne (mit 3 Abbildungen), 72 Seiten. S 27.—

Schrutka-Rechtenstamm G.: Definitive Bahnbestimmung des Kometen 1930 III, 21 Seiten. S 8.—

1953 (S IIa, Bd. 162):

Eichhorn H.: Ein verkürztes Verfahren zur exakten Bestimmung von Schrauben- oder Skalenfehlern und Untersuchung des Töpferschen Meßapparates der Wiener Universitäts-Sternwarte (mit 1 Abbildung und 1 Tafel). S 21.50

Hopmann J.: Photometrie von 420 visuellen Doppelsternen. S 35.80

Hopmann J.: Beobachtungen der totalen Mondesfinsternis vom 30. Jänner 1953 auf der Universitäts-Sternwarte Wien (mit 4 Abbildungen). S 18.70

Hopmann J.: Photometrisch-kolorimetrische Beobachtungen von visuellen Doppelsternen. S 19.20

Schrutka-Rechtenstamm G.: Definitive Bahnbestimmung des Kometen 1932 V (Peltier-Whipple). S 29.40

Schütte K.: Galaktozentrische Bahnelemente von 1026 Fixsternen in der nächsten Umgebung der Sonne (mit 5 Abbildungen). S 27.—

Widorn Th.: Die atmosphärischen Verhältnisse bei astronomischen Beobachtungen in Wien (mit 7 Abbildungen). S 7.20

1954 (S II, Bd. 163):

Ferrari d' Occhieppo K.: Leuchtkraftfunktionen und Heß-Diagramm im Bereich der Weißen Zwerg-Sterne (mit 2 Abbildungen). S 14.30

Hopmann J.: Photometrisch-kolorimetrische Beobachtungen von visuellen Doppelsternen. II. Beobachtungen mit dem Rotkeil-Kolorimeter. S 14.90

Hopmann P.: Photometrisch-kolorimetrische Beobachtungen von visuellen Doppelsternen. III. Beobachtungen mit dem Blau-Rot-Keil-Kolorimeter. Diskussion des Gesamtmaterials. Die Farbenhelligkeitsverteilung. S 21.30

Hopmann J.: Der Doppelstern ADS 11632. S 14.30

Katalog monochromatischer Koronastrahlen 1957/1958

Von

Walter Ellerböck

Mitteilungen des Sonnenobservatoriums Kanzelhöhe Nr. 17

(Vorgelegt in der Sitzung am 28. Jänner 1960)

Dieser Katalog der grünen Koronastrahlen stellt die Fortsetzung des in den Mitteilungen des Sonnenobservatoriums Kanzelhöhe Nr. 9 erschienenen Kataloges dar.

Unter einem Strahl wird jede Stelle der Koronakontur verstanden, deren Intensität mindestens um eine Einheit höher ist als an den zu beiden Seiten benachbarten Stellen. Es bedeuten p den Positionswinkel (gezählt vom Sonnennordpol aus über Ost usw.), b die heliographische Breite an der Basis und I die Intensität des Koronastrahles in der 50stufigen Kanzelhöhe-Skala.

Das Beobachtungsmaterial stammt von den Herren Hermann Haupt, Walter Comper und dem Verfasser. Es lassen sich dadurch gewisse Inhomogenitäten in der Auffassung nicht vermeiden. Besonders verwiesen sei darauf, daß bei der Routinebeobachtung die Koronaintensitäten meistens von 5 zu 5 Grad längs des Sonnenrandes geschätzt werden. Aus diesem Grunde ist die Bevorzugung von auf volle 5° lautenden Positionswinkeln verständlich.

1957

Datum		p°	b°	I
1957				
Jan.	9	35	55	12
		70	20	42
		80	10	45
		115	− 25	33
		125	− 35	32
		140	− 50	21
		165	− 75	12
		200	− 70	8
		230	− 40	20
		250	− 20	42
		258	− 12	38
		295	25	44
	10	80	10	46
		250	− 20	43
		295	25	34
	11	50	40	25
		78	12	48
		105	− 15	38
		115	− 25	36
		127	− 37	40
		135	− 45	40
		170	− 80	20
		195	− 75	5
		250	− 20	48
		300	30	45
	18	15	75	6
		49	41	30
		63	27	35
		65	25	34
		68	22	36
		115	− 25	35
		135	− 45	25
		170	− 80	14
		203	− 67	20
		225	− 45	15
		247	− 23	45
		305	35	22
		350	80	6

Datum		p°	b°	I
1957				
Jan.	19	45	45	24
		70	20	34
		105	− 15	20
		115	− 25	21
		135	− 45	12
		165	− 75	7
		195	− 75	7
		245	− 25	29
		315	45	17
	20	20	70	8
		43	47	30
		65	25	40
		105	− 15	25
		145	− 55	8
		205	− 65	10
		250	− 20	33
		290	20	14
		305	35	18
	21	20	70	5
		65	25	43
		115	− 25	34
		205	− 65	15
		250	− 20	32
		285	15	15
		310	40	12
		325	55	5
	22	60	30	47
		115	− 25	35
		145	− 55	12
		165	− 75	12
		200	− 70	16
		230	− 40	17
		245	− 25	28
		285	15	26
	29	10	80	4
		25	65	11

Datum		p°	b°	I
1957				
Jan.		108	− 18	36
		118	− 28	40
		135	− 45	29
		140	− 50	30
		160	− 70	12
		175	− 85	12
		200	− 70	16
		225	− 45	32
		250	− 20	45
		287	17	38
		297	27	39
		320	50	26
		355	85	4
	30	60	30	14
		105	− 15	35
		115	− 25	34
		122	− 32	45
		175	− 85	26
		240	− 30	39
		253	− 17	36
		280	10	36
		293	23	46
		303	33	38
		313	43	32
Feb.	2	50	40	8
		110	− 20	35
		125	− 35	28
		135	− 45	29
		180	− 90	14
		230	− 40	28
		235	− 35	26
		250	− 20	41
		293	23	44
Feb.	3	50	10	8
		80	10	4
		120	− 30	28
		165	− 75	9

Datum	b°	p°	I
1957			
Febr.	225	− 45	9
	255	− 15	20
	301	31	38
	324	54	29
5	80	10	17
	115	− 25	18
	165	− 75	11
	220	− 50	19
	250	− 20	31
	300	30	29
7	75	15	29
	125	− 35	35
	145	− 55	24
	205	− 65	17
	250	− 20	32
	300	30	30
9	50	40	9
	80	10	27
	120	− 30	26
	295	25	17
22	40	50	25
	50	40	32
	100	− 10	35
	110	− 20	30
	125	− 35	40
	150	− 60	15
	245	− 25	30
	292	22	25
23	43	47	26
	55	35	19
	98	− 8	23
	123	− 33	38
	210	− 60	12
	240	− 30	43
	250	− 20	37
	283	13	44
	320	50	10

Datum	p°	b°	I
1957			
Feb. 25	35	55	9
	75	15	14
	110	− 20	34
	245	− 25	40
	285	15	35
26	75	15	18
	115	− 25	35
	165	− 75	8
	300	30	25
28	65	25	14
	115	− 25	28
	135	− 45	16
	240	− 30	37
	285	15	28
März 2	60	30	12
	125	− 35	34
	170	− 80	10
	205	− 65	10
	240	− 30	26
	290	20	25
3	65	25	9
	120	− 30	28
	165	− 75	11
	210	− 60	10
	225	− 45	13
	255	− 15	25
	285	15	20
5	60	30	12
	285	15	23
6	70	20	20
	110	− 20	33
	250	− 20	10
	300	30	20
10	70	20	28
	235	− 35	20

Datum	p°	b°	I
1957			
März 11	65	25	25
	78	12	28
	112	− 22	38
	230	− 40	16
	260	− 10	30
	305	35	20
12	65	25	28
	77	13	28
	110	− 20	44
	115	− 25	42
	220	− 50	34
	246	− 24	47
	258	− 12	50
	285	15	15
	305	35	35
	325	55	14
14	60	30	42
	115	− 25	27
	130	− 40	32
	175	− 85	12
	250	− 20	42
	300	30	27
17	70	20	37
	110	− 20	27
	195	− 75	18
	245	− 25	38
	300	30	22
18	50	40	16
	70	20	35
	110	− 20	27
	190	− 80	14
	210	− 60	16
	250	− 20	35
	290	20	20
19	70	20	35
	115	− 25	36
	250	− 20	42
	290	20	27

Datum	p°	b°	I
1957			
März 20	60	30	32
	110	−20	35
	140	−50	12
	165	−75	13
	240	−30	41
	285	15	24
April 5	40	50	5
	77	13	28
	85	5	16
	120	−30	30
	130	−40	25
	140	−50	30
	175	−85	7
	255	−15	42
	290	20	48
6	40	50	4
	75	15	23
	84	6	28
	120	−30	23
	130	−40	16
	143	−53	17
	165	−75	4
	252	−18	38
	285	15	47
	294	24	45
17	60	30	35
	80	10	32
	240	−30	35
	250	−20	33
	285	15	32
22	70	20	20
	110	−20	34
	140	−50	13
	225	−45	28
	280	10	10
	305	35	35
	345	75	4
1957			
April 23	70	20	28
	97	−7	12
	108	−18	30
	125	−35	14
	135	−45	7
	240	−30	23
	303	33	38
	320	50	5
24	25	65	7
	35	55	8
	50	40	17
	70	20	38
	78	12	34
	110	−20	30
	118	−28	31
	150	−60	16
	195	−75	10
	245	−25	42
	303	33	44
	345	75	7
	355	85	6
25	20	70	4
	35	55	4
	50	40	16
	65	25	36
	75	15	38
	118	−28	38
	145	−55	18
	175	−85	9
	225	−45	19
	243	−27	44
	288	18	14
	295	25	38
	302	32	35
26	20	70	2
	50	40	10
	65	25	37
	115	−25	33
	245	−25	37
1957			
April 27	20	70	2
	45	45	4
	65	25	38
	115	−25	32
	137	−47	18
	257	−13	48
	300	30	29
28	63	27	40
	102	−12	34
	110	−20	42
	118	−28	39
	130	−40	32
	135	−45	40
	170	−80	15
	180	−90	12
	230	−40	23
	255	−15	48
	298	18	34
Mai 8	120	−30	22
	135	−45	23
	245	−25	25
	290	20	30
9	70	20	32
	115	−25	30
	135	−45	22
	180	−90	12
	250	−20	45
	295	15	40
12	65	25	30
	250	−20	35
	300	30	28
13	65	25	45
	110	−20	45
	210	−60	14
	245	−25	36
	260	−10	20
	295	25	18

Datum		p°	b°	I
1957				
Mai	14	60	30	38
		105	−15	32
	15	60	30	38
		110	−20	40
		130	−40	18
		195	−75	8
		230	−40	28
		255	−15	40
		290	20	28
	16	65	25	26
		112	−22	25
		130	−40	18
		195	−75	13
		225	−45	27
		250	−20	40
		290	20	30
	18	70	20	24
		95	−5	16
		110	−20	42
		120	−30	23
		135	−45	8
		205	−65	6
		240	−30	27
		250	−20	32
		286	16	45
		305	35	18
	19	65	25	25
		95	−5	25
		112	−22	40
		140	−50	6
		185	−85	6
		240	−30	28
		253	−17	36
		285	15	26
		300	30	16

Datum		p°	b°	I
1957				
Juni	1	65	25	29
		80	10	28
		105	−15	31
		130	−40	26
		240	−30	18
		260	−10	35
	2	85	5	35
		105	−15	37
		120	−30	34
		165	−75	5
		185	−85	10
		260	−10	42
		290	20	34
	6	105	−15	43
		170	−80	15
		200	−70	7
		250	−20	25
		260	−10	25
		285	15	25
	9	65	25	37
		105	−15	40
		135	−45	22
		225	−45	14
		250	−20	35
		310	40	8
	10	55	35	38
		75	15	28
		115	−25	38
		135	−45	25
		170	−80	14
		250	−20	45
		290	20	25
	14	65	25	38
		170	−80	12
		240	−30	45
		255	−15	45
		290	20	43

Datum		p°	b°	I
1957				
Juni	15	65	25	44
		85	5	31
		190	−80	17
		210	−60	25
		230	−40	40
		250	−20	45
		285	15	37
		300	30	40
	16	40	50	29
		65	25	42
		105	−15	50
		230	−40	36
		255	−15	37
		295	25	39
		305	35	32
	20	65	25	34
		115	−25	37
		180	−90	7
		205	−65	11
		225	−45	17
		260	−10	45
		300	30	47
	21	55	35	12
		65	25	15
		115	−25	35
		250	−20	34
		305	35	42
	22	70	20	17
		115	−25	28
		215	−55	17
		245	−25	38
		280	10	23
		300	30	32
	27	35	55	8
		75	15	37
		105	−15	48

Datum	p°	b°	I
1957			
Juni	265	− 65	30
	245	− 25	44
	295	25	37
28	75	15	37
	105	− 15	42
	185	− 85	11
	195	− 75	13
	255	− 15	42
	295	25	37
29	70	20	40
	165	− 75	18
	235	− 35	50
	290	20	50
30	60	30	33
	70	20	33
	105	− 15	40
	115	− 25	40
	240	− 30	50
Juli 1	73	17	38
	82	8	30
	105	− 15	40
	115	− 25	41
	125	− 35	45
	175	− 85	10
	218	− 53	19
	232	− 38	33
	245	− 25	23
	290	20	31
	295	25	35
	305	35	35
	313	43	19
	345	75	5
2	55	35	20
	65	25	18
	78	12	35
	103	− 13	48

Datum	p°	b°	I
1957			
Juli	170	− 80	11
	235	− 35	45
	275	5	12
	295	25	38
	307	37	45
	312	42	41
3	58	32	36
	65	35	44
	80	10	45
	108	− 18	45
	123	− 33	42
	135	− 45	33
	175	85	18
	240	− 30	45
	250	− 20	40
	300	30	28
	345	75	7
4	60	30	34
	105	− 15	35
	140	− 50	20
	175	− 85	8
	200	− 70	6
	240	− 30	38
	255	− 15	17
	280	10	15
	300	30	10
	310	40	8
5	55	35	42
	59	31	48
	103	− 13	48
	107	− 17	38
	145	− 55	15
	170	− 80	7
	185	− 85	7
	210	− 60	4
	240	− 30	32
	280	10	31

Datum	p°	b°	I
1957			
Juli 6	40	50	9
	60	30	37
	80	10	14
	110	− 20	45
	140	− 50	12
	165	− 75	10
	248	− 22	35
	280	10	36
7	40	50	16
	55	35	35
	62	28	33
	107	− 17	40
	111	− 21	40
	120	− 30	24
	140	− 50	9
	248	− 22	38
	280	10	36
	288	18	36
8	40	50	24
	60	30	24
	112	− 22	43
	145	− 55	18
	245	− 25	36
	262	− 8	15
	285	15	24
9	40	50	24
	65	25	28
	75	15	18
	110	− 20	34
	120	− 30	35
	140	− 50	13
	175	− 85	7
	185	− 85	6
	225	− 45	12
	245	− 25	35
	260	− 10	28
	285	15	30

Datum	p°	b°	I
1957			
Juli 12	75	15	38
	110	− 20	35
	135	− 45	30
	150	− 60	28
	240	− 30	40
	285	15	32
13	75	15	27
	105	− 15	26
	115	− 25	28
	135	− 45	33
	150	− 60	19
	195	− 75	12
	220	− 50	13
	235	− 35	33
	250	− 20	39
	285	15	27
	295	25	26
16	62	28	40
	125	− 35	50
	190	− 80	14
	235	− 35	42
	255	− 15	50
18	65	25	16
	80	10	31
	110	− 20	32
	125	− 35	38
	165	− 75	8
	185	− 85	11
	225	− 45	32
	235	− 35	30
	260	− 10	30
	285	15	16
	300	30	48
29	60	30	43
	75	15	35
	105	− 15	29
	130	− 40	40
	170	− 80	15

Datum	p°	b°	I
1957			
Juli	245	− 25	48
	300	30	45
31	65	25	42
	130	− 40	35
	170	− 80	10
	240	− 30	40
	305	35	36
Aug. 1	65	25	25
	115	− 25	17
	130	− 40	15
	170	− 80	10
	200	− 70	11
	240	− 30	25
	280	10	32
	290	20	38
2	65	25	32
	115	− 25	24
	125	− 35	21
	170	− 80	9
	210	− 60	17
	250	− 20	21
	280	10	37
	300	30	40
4	55	35	25
	70	20	28
	100	− 10	21
	155	− 65	10
	170	− 80	9
	195	− 75	9
	215	− 55	14
	235	− 35	20
	260	− 10	35
	280	10	30
5	50	40	22
	75	15	7
	108	− 18	38
	115	− 25	40

Datum	p°	b°	I
1957			
Aug.	125	− 35	48
	145	− 55	30
	170	− 80	12
	200	− 70	9
	254	− 16	34
	283	13	30
6	50	40	15
	75	15	27
	95	− 5	28
	115	− 25	36
	125	− 35	40
	145	− 55	35
	175	− 85	12
	190	− 80	14
	235	− 35	30
	255	− 15	45
	280	10	35
7	45	45	17
	75	15	35
	110	− 20	36
	120	− 30	31
	245	− 25	27
	300	30	28
8	83	7	38
	105	− 15	37
	120	− 30	24
	140	− 50	17
	155	− 65	17
	185	− 85	10
	340	− 30	45
	248	− 22	46
	257	− 13	43
	265	− 5	28
	285	15	44
	295	25	37
	305	35	38
9	30	60	7
	65	25	32

Datum	p°	b°	I
1957			
Aug.	80	10	27
	103	− 13	42
	120	− 30	40
	140	− 50	36
	230	− 40	32
	240	− 30	34
	255	− 15	32
	285	15	36
	295	25	38
	305	35	30
11	60	30	45
	115	− 25	42
	130	− 40	40
	150	− 60	25
	240	− 30	30
	285	15	36
	300	30	32
12	60	30	34
	80	10	35
	120	− 30	37
	245	− 25	28
	295	25	32
15	70	20	36
	145	− 55	34
	225	− 45	35
	245	− 25	43
	300	30	24
17	75	15	36
	125	− 35	25
	150	− 60	20
	210	− 60	15
	250	− 20	38
	295	25	19
	305	35	21
21	65	25	38
	77	13	43
	95	− 5	40

Datum	p°	b°	I
1957			
Aug.	105	− 15	42
	125	− 35	33
	155	− 65	8
	195	− 75	12
	212	− 58	32
	240	− 30	36
	260	− 10	40
	282	12	35
	287	17	32
	315	45	12
22	70	20	30
	80	10	28
	105	− 15	40
	120	− 30	33
	155	− 65	7
	180	− 90	10
	215	− 55	34
	235	− 35	28
	260	− 10	40
	295	25	34
24	65	25	32
	77	13	38
	105	− 15	30
	125	− 35	41
	215	− 55	35
	242	− 28	47
	255	− 15	28
	265	− 5	30
	290	20	28
	300	30	34
29	65	25	15
	75	15	12
	105	− 15	36
	112	− 22	32
	120	− 30	32
	133	− 43	34
	225	− 45	20
	240	− 30	22

Datum	p°	b°	I
1957			
Aug.	255	− 15	25
	279	9	38
	286	16	38
	305	35	32
30	50	40	18
	75	15	15
	113	− 23	35
	135	− 45	20
	160	− 70	8
	190	− 80	7
	205	− 65	6
	220	− 50	8
	240	− 30	11
	265	− 5	22
	285	15	37
	305	35	16
31	55	35	20
	65	25	14
	102	− 12	34
	115	− 25	40
	137	− 47	35
	170	− 80	8
	217	− 53	16
	245	− 25	20
	260	− 10	10
	290	20	34
Sept. 5	75	15	31
	105	− 15	36
	250	− 20	46
	290	20	45
6	65	25	26
	120	− 30	30
	145	− 55	30
	175	− 85	12
	240	− 30	40
	250	− 20	43
	295	25	48

Datum		p°	b°	I
1957				
Sept.	7	70	20	30
		120	− 30	32
		250	− 20	30
		300	30	40
	8	60	30	31
		135	− 45	35
		225	− 45	27
		235	− 35	30
		250	− 20	34
		300	30	46
	9	60	30	40
		130	− 40	50
		225	− 45	30
		235	− 35	29
		250	− 20	24
		300	30	40
	10	58	32	30
		75	15	28
		130	− 40	32
		143	− 53	33
		230	− 40	14
		240	− 30	18
		285	15	16
		305	35	30
	15	40	50	22
		85	5	45
		120	− 30	22
		140	− 50	18
		160	− 70	15
		190	− 80	17
		220	− 50	22
		270	0	35
	16	80	10	50
		120	− 30	29
		145	− 55	25
		225	− 45	38
		255	− 15	38

Datum		p°	b°	I
1957				
Sept.	20	52	38	18
		65	25	45
		75	15	40
		111	− 21	45
		127	37	35
		188	− 82	7
		220	− 50	47
		245	− 25	47
		268	− 2	16
		295	25	37
	21	65	25	37
		75	15	41
		98	− 8	9
		125	− 35	40
		113	− 23	31
		170	− 80	7
		215	− 55	36
		227	− 43	50
		232	− 39	45
		248	22	41
		298	28	34
	24	57	33	19
		65	25	24
		80	10	19
		118	− 28	43
		130	− 40	34
		140	− 50	13
		185	− 85	7
		222	− 48	42
		225	− 45	38
		243	− 27	37
		271	1	22
		279	9	40
		287	17	24
		307	37	20
Okt.	4	70	20	22
		110	− 20	19
		120	− 30	19

Datum		p°	b°	I
1957				
Okt.		240	− 30	33
		290	20	29
	5	70	20	27
		110	− 20	28
		125	− 35	24
		145	− 55	22
		240	− 30	37
		290	20	37
	6	55	35	17
		75	15	23
		85	5	20
		120	− 30	30
		150	− 60	29
		235	− 35	34
		295	25	38
	7	30	60	3
		125	− 35	21
		145	− 55	25
		215	− 55	28
		235	− 35	38
		290	20	48
	8	60	30	33
		70	20	35
		80	10	38
		130	− 40	30
		150	− 60	18
		215	− 55	24
		225	− 45	24
		255	− 15	32
	9	75	15	48
		130	− 40	38
		250	− 20	33
		295	25	37
	10	80	10	39
		135	− 45	29
		225	− 45	17

Datum	p°	b°	I
1957			
Okt.	240	−30	32
	250	−20	27
	300	30	29
11	60	30	30
	75	15	37
	110	−20	45
	120	−30	49
	130	−40	45
	225	−45	40
	245	−25	48
	255	−15	47
	280	10	29
	305	35	45
12	45	45	17
	60	30	22
	75	15	33
	85	5	31
	135	−45	40
	165	−75	13
	230	−40	34
	245	−25	39
	265	−5	34
	280	10	27
	305	35	30
13	45	45	24
	75	15	38
	95	−5	29
	110	−20	42
	125	−35	44
	225	−45	45
	240	30	47
	255	−15	49
	285	15	36
	310	40	37
14	15	75	4
	75	15	39
	110	−20	36

Datum	p°	b°	I
1957			
Okt.	145	−55	27
	175	−85	14
	185	−85	14
	205	−65	11
	225	−45	42
	255	−15	49
	280	10	38
	310	40	17
15	110	−20	40
	195	−75	13
	260	−10	43
	310	40	18
16	60	30	30
	−77	13	44
	95	−5	12
	103	−13	35
	116	−25	38
	122	−32	34
	151	−61	23
	200	−70	13
	225	−45	30
	252	−18	39
	285	15	39
	295	25	27
	310	40	8
	321	51	13
	337	67	7
17	75	15	50
	100	−10	34
	120	−30	36
	153	−62	18
	215	−55	20
	228	−42	24
	250	−20	30
	285	15	38
	292	22	35
	296	26	38
	305	35	14
	326	56	11

Datum	p°	b°	I
1957			
Okt. 19	0	90	6
	35	55	8
	52	38	30
	65	25	39
	75	15	48
	110	−20	32
	125	−35	38
	152	−62	10
	220	−50	35
	237	−33	36
	251	−10	28
	290	20	30
	325	55	8
24	50	40	28
	65	25	45
	115	−25	35
	240	30	45
	280	10	44
26	70	20	48
	80	10	46
	90	0	42
	105	−15	50
	175	−85	18
	240	−30	47
	280	10	37
	300	30	38
27	35	55	15
	50	40	39
	70	20	44
	85	5	37
	105	−15	49
	125	−35	50
	140	−50	35
	230	−40	42
	275	5	35
	285	15	34
	295	25	30

Datum	p°	b°	I
1957			
Okt. 30	60	30	37
	75	15	31
	110	− 20	41
	130	− 40	40
	220	− 50	22
	245	− 25	35
	265	− 5	26
	295	25	50
31	65	25	46
	115	− 25	39
	125	− 35	37
	250	− 20	37
	295	25	48
Nov. 1	45	45	23
	70	20	48
	115	− 25	38
	145	− 55	36
	190	− 80	15
	215	− 55	25
	250	− 20	39
4	45	45	11
	65	25	42
	75	15	48
	88	2	25
	103	− 13	20
	113	− 23	38
	125	− 35	46
	135	− 45	35
	150	− 60	18
	235	− 35	30
	253	− 17	40
	288	18	46
	313	43	39
12	65	25	40
	99	− 9	35
	105	− 15	34
	175	− 85	9

Datum	p°	b°	I
1957			
Nov.	205	− 65	14
	230	− 40	24
	255	− 15	38
	290	20	21
	315	45	35
16	50	40	25
	75	15	37
	115	− 25	28
	245	− 25	38
	295	25	48
	330	60	18
17	72	18	42
	115	− 25	45
	220	− 50	33
	240	− 30	45
	295	25	44
	345	75	13
22	60	30	40
	75	15	20
	110	− 20	30
	123	− 33	45
	145	− 55	29
	211	− 60	16
	230	− 40	14
	245	− 25	35
	253	− 17	30
	265	− 5	10
	285	15	15
	304	34	23
	335	65	4
23	30	60	4
	70	20	30
	105	− 15	16
	122	− 32	48
	142	− 52	28
	210	− 60	18
	254	− 16	49

Datum	p°	b°	I
1957			
Nov.	260	− 10	38
	280	10	35
	310	40	35
26	48	42	28
	78	12	40
	98	− 8	40
	102	− 12	45
	115	− 25	45
	140	− 50	12
	155	− 65	6
	230	− 40	18
	245	− 25	22
	257	− 13	29
	288	18	37
	300	30	33
	320	50	13
	330	60	10
28	45	45	25
	71	19	46
	135	− 45	39
	200	− 70	9
	213	− 57	23
	255	15	38
	265	− 5	15
	290	20	39
	300	30	42
29	20	70	6
	70	20	46
	120	− 30	40
	200	− 70	12
	220	− 50	16
	255	− 15	34
	290	20	37
	300	30	36
30	25	65	10
	65	25	42
	100	− 10	18

Datum	p°	b°	I
1957			
Nov.	125	− 35	43
	215	− 15	36
	295	25	34
Dez. 1	65	25	45
	75	15	39
	125	− 35	48
	255	− 15	47
	290	20	33
2	20	70	9
	35	55	15
	65	25	43
	75	15	42
	130	− 40	43
	255	− 15	37
6	60	30	41
	80	10	31
	110	− 20	37
	155	− 65	22
	220	− 50	33
	240	− 30	47
	250	− 20	42
	260	− 10	47
	300	30	44
7	50	40	32
	60	30	42
	80	10	44
	110	− 20	45
	120	− 30	35
	220	− 50	29
	240	− 30	40
	258	− 12	49
	285	15	28
	295	25	30
9	35	55	17
	65	25	37
	100	− 10	23
	115	− 25	30

Datum	p°	b°	I
1957			
Dez.	210	− 60	22
	245	− 25	43
	255	− 15	42
	280	10	40
10	50	40	19
	65	25	45
	80	10	45
	115	− 25	38
	125	− 35	32
	140	− 50	28
	220	− 50	21
	245	− 25	42
	260	− 10	44
	285	15	35
	315	45	19
20	60	30	20
	75	15	27
	115	− 25	43
	145	− 55	17
	215	− 55	8
	245	− 25	27
	255	− 15	28
	290	20	38
21	70	20	29
	115	− 25	42
	255	− 15	39
	290	20	43
22	80	10	33
	105	− 15	45
	120	− 30	47
	210	− 60	10
	235	− 35	22
	257	− 13	40
	295	25	46
23	115	− 25	46
	255	− 15	46
	280	10	44

Datum	p°	b°	I
1957			
Dez. 25	45	45	20
	75	15	25
	95	− 5	30
	120	− 30	45
	245	− 25	43
	285	15	45
26	45	45	27
	55	35	20
	65	25	28
	80	10	21
	120	− 30	48
	220	− 50	24
	245	− 25	36
	255	− 15	35
	290	20	41
27	45	45	28
	60	30	25
	75	15	36
	95	− 5	28
	115	− 25	39
	190	− 80	8
	215	− 55	17
	255	− 15	35
	295	25	43
29	75	15	43
	85	5	38
	100	− 10	35
	120	− 30	43
	155	− 65	14
	215	− 55	16
	255	− 15	40
	295	25	43
	310	40	15
	335	65	10
30	40	50	12
	55	35	23
	105	− 15	25
	120	− 30	34

Datum	$p°$	$b°$	I
1957			
Dez.	215	− 55	13
	250	− 20	40
	260	− 10	27
	295	25	38

Datum	$p°$	$b°$	I
1957			
Dez. 31	45	45	11
	60	30	30
	80	10	32
	115	− 25	35

Datum	$p°$	$b°$	I
1957			
Dez.	140	− 50	25
	230	− 40	17
	250	− 20	40
	300	30	41

1958

Datum	$p°$	$b°$	I
1858			
Jan. 2	55	35	16
	75	15	42
	100	− 10	14
	110	− 20	20
	120	− 30	30
	145	− 55	14
	227	− 43	20
	240	− 30	38
	250	− 20	40
	257	− 13	46
	280	10	40
	300	30	43
3	55	35	18
	65	25	42
	80	10	38
	108	− 18	38
	150	− 60	10
	215	− 55	5
	239	− 31	32
	261	− 9	35
	280	10	18
	290	20	31
	305	35	20
10	70	20	35
	115	− 25	33
	150	− 60	15
	245	− 25	33
	279	9	17
	290	20	35
	312	42	24
	320	50	23

Datum	$p°$	$b°$	I
1958			
Jan. 17	60	30	14
	68	22	40
	78	12	45
	108	− 18	38
	118	− 28	42
	155	− 65	5
	253	− 17	47
	262	− 8	43
	290	20	28
	298	28	34
	315	45	23
18	55	35	26
	70	20	24
	90	0	20
	120	− 30	40
	235	− 35	28
	245	− 25	38
	255	− 15	44
	285	15	24
	295	25	31
19	45	45	17
	95	− 5	34
	110	− 20	27
	300	30	35
22	70	20	25
	125	− 35	30
	215	− 55	11
	260	− 10	42
	300	30	43

Datum	$p°$	$b°$	I
1958			
Jan. 23	45	45	4
	65	25	14
	80	10	14
	120	− 30	38
	215	− 55	6
	245	− 25	35
	255	− 15	38
	300	30	38
	340	70	5
25	55	35	24
	75	15	40
	125	− 35	32
	135	− 45	22
	205	− 65	15
	255	− 15	32
	270	0	20
	295	25	36
27	75	15	38
	120	− 30	26
	145	− 55	25
	205	− 25	8
	245	− 55	25
	255	− 15	27
	300	30	42
28	75	15	39
	120	− 30	33
	200	− 70	8
	260	− 10	34
	295	25	47

Datum	$p°$	$b°$	I
1958			
Jan. 29	70	20	30
	125	−35	42
	150	−60	37
	205	−65	13
	260	−10	32
	295	25	43
30	55	35	12
	65	25	16
	120	−30	32
	150	−60	21
	210	−60	12
	255	−15	26
	300	30	44
Feb. 2	40	50	13
	75	15	32
	100	−10	24
	115	−25	43
	215	−55	5
	235	−35	32
	260	−10	45
	300	30	30
3	75	15	21
	110	−20	40
	150	−60	14
	260	−10	38
	300	30	34
4	70	20	40
	80	10	40
	115	−25	45
	260	−10	45
	295	25	39
23	65	25	35
	120	−30	24
	145	−55	23
	210	−60	17
	230	−40	13
	248	−22	18
	295	25	31

Datum	$p°$	$b°$	I
1958			
März 1	75	15	22
	120	−30	36
	255	−15	42
	300	30	19
2	75	15	35
	120	−30	31
	255	−15	32
	285	15	14
	320	50	12
4	66	24	35
	85	5	33
	100	−10	25
	110	−20	28
	160	−70	12
	200	−70	8
	230	−40	19
	255	−15	32
	310	40	22
5	65	25	24
	78	12	35
	115	−25	12
	150	−60	7
	215	−55	6
	243	−27	22
	255	−15	25
	285	15	16
	305	35	13
6	60	30	32
	75	15	42
	100	−10	16
	115	−25	17
	170	−80	6
	200	−70	5
	240	−30	21
	261	−9	40
	295	25	30
	305	35	38

Datum	$p°$	$b°$	I
1958			
März 9	82	8	38
	105	−15	12
	120	−30	14
	155	−65	21
	205	−65	4
	225	−45	30
	243	−27	37
	250	−20	36
	265	−5	20
	283	13	37
	295	25	32
	310	40	32
	330	60	9
15	75	15	28
	115	−25	41
	135	−45	31
	160	−70	16
	215	−55	23
	255	−15	45
	300	30	38
16	20	70	4
	70	20	30
	120	−30	35
	160	−70	16
	210	−60	15
	220	−50	14
	255	−45	40
	295	25	37
17	60	30	24
	70	20	20
	110	−20	24
	245	−25	25
	265	−5	38
	300	30	44
19	65	25	26
	80	10	27
	105	−15	24

Datum	p°	b°	I
1958			
März	210	− 60	11
	250	− 20	28
	260	− 10	27
	280	10	47
	290	20	43
23	45	45	16
	60	30	26
	70	20	27
	105	− 15	25
	125	− 35	23
	140	− 50	18
	215	− 55	18
	245	− 25	16
	280	10	36
24	43	47	15
	55	35	31
	65	25	20
	82	8	25
	98	− 8	20
	101	− 11	20
	113	− 23	40
	123	− 33	36
	145	− 55	32
	213	− 57	38
	250	− 20	30
	260	− 10	25
	288	18	40
	305	35	28
25	40	50	8
	50	40	18
	65	25	25
	100	− 10	26
	110	− 20	33
	120	− 30	23
	145	− 55	24
	210	− 60	24
	230	− 40	12
	250	− 20	30

Datum	p°	b°	I
1958			
März	267	− 3	42
	290	20	45
	320	52	23
April 1	55	35	30
	75	15	38
	120	− 30	31
	135	− 45	19
	210	− 60	17
	230	− 40	28
	245	− 25	34
	255	− 15	37
	300	30	45
5	45	45	31
	70	20	28
	80	10	26
	105	− 15	15
	150	− 60	19
	225	− 45	17
	255	− 15	35
	280	10	18
	300	30	32
	315	45	19
9	60	30	35
	75	15	29
	85	5	16
	105	− 15	18
	130	− 40	12
	140	− 50	14
	160	− 70	22
	225	− 45	14
	280	10	33
	295	25	32
	305	35	45
16	85	5	25
	100	− 10	33
	137	− 37	14
	165	− 75	3

Datum	p°	b°	I
1958			
April	255	− 15	21
	285	15	35
	292	22	45
	315	45	23
19	35	55	3
	55	35	14
	65	25	22
	95	− 5	33
	115	− 25	43
	135	− 45	20
	218	− 52	7
	265	− 5	34
	288	18	38
	300	30	31
	315	45	28
20	50	40	15
	84	6	26
	115	− 25	28
	140	− 50	16
	215	− 55	13
	265	− 5	28
	292	22	35
	310	40	19
21	45	45	22
	70	20	29
	115	− 25	30
	140	− 50	15
	220	− 50	8
	265	− 5	26
	290	20	31
22	44	46	22
	70	20	35
	85	5	32
	105	− 15	34
	117	− 27	36
	145	− 55	22
	213	− 57	21

Datum	p°	b°	I
1958			
April	265	−5	18
	290	20	23
	323	23	17
24	75	15	37
	105	−15	30
	115	−25	40
	145	−55	17
	210	−60	19
	247	−23	36
	300	30	27
25	70	20	31
	110	−20	43
	146	−56	16
	205	−65	13
	243	−17	26
	295	25	32
28	55	35	28
	65	25	29
	75	15	26
	125	−35	16
	140	−50	14
	240	−30	29
	260	−10	20
	280	10	26
	295	25	35
	310	40	35
29	65	25	35
	80	10	38
	115	−25	18
	140	−50	11
	245	−25	38
	255	−15	38
	305	35	20
30	70	20	23
	80	10	26
	100	−10	28

Datum	p°	b°	I
1958			
April	115	−25	20
	265	−5	25
	305	35	14
Mai 1	55	35	13
	70	20	35
	105	−15	30
	215	−55	10
	285	15	40
	305	35	26
2	80	10	27
	110	−20	24
	265	−5	31
	295	25	43
	320	55	20
3	75	15	38
	85	5	32
	100	−10	31
	125	−35	22
	230	−40	17
	260	−10	42
	290	20	35
10	60	30	27
	120	−30	35
	255	−15	30
	290	20	32
	300	30	31
11	55	35	25
	85	5	20
	120	−30	24
	250	−20	24
	290	20	27
	300	30	30
12	70	20	30
	85	5	25
	120	−30	33
	250	−20	23

Datum	p°	b°	I
1958			
Mai	290	20	32
	300	30	30
17	82	8	24
	100	−10	19
	123	−33	23
	245	−25	4
	265	−5	7
	285	15	19
	295	25	17
	318	48	9
18	50	40	4
	73	17	33
	85	5	23
	100	−10	20
	120	−30	15
	140	−50	4
	250	−20	8
	260	−10	7
	295	25	15
	310	40	11
19	40	50	7
	70	20	14
	120	−30	22
	140	−50	14
	255	−15	34
	300	30	25
	325	55	17
20	70	20	34
	120	−30	22
	130	−40	18
	240	−30	20
	265	−5	27
	300	30	25
21	70	20	32
	80	10	23
	105	−15	25

Datum	p°	b°	I
1958			
Mai	120	−30	18
	145	−55	4
	215	−55	6
	255	−15	35
24	70	20	32
	115	−25	22
	255	−15	39
	305	35	28
25	75	15	29
	110	−20	18
	260	−10	30
	300	30	32
26	70	20	20
	80	10	24
	95	−5	28
	112	−22	20
	248	−22	20
	265	−5	22
	299	29	30
	305	35	28
	320	50	18
27	70	20	28
	80	10	20
	105	−15	8
	125	−35	4
	255	−15	20
	285	15	22
	295	25	14
	305	35	20
31	80	10	40
	105	−15	10
	150	−60	10
	225	−45	15
	240	−30	13
	263	−7	20
	280	10	15
	295	25	30

Datum	p°	b°	I
1958			
Juni 1	30	60	2
	75	15	20
	115	−25	12
	130	−40	17
	155	−65	18
	230	−40	12
	250	−20	18
	280	10	25
	295	25	36
2	65	25	36
	75	15	37
	113	−23	42
	118	−28	40
	130	−40	25
	157	−67	23
	225	−45	17
	260	−10	25
	280	10	23
	295	25	30
	302	32	28
5	80	10	28
	110	−20	35
	120	−30	37
	160	−70	8
	220	−50	8
	295	25	30
	305	35	32
6	45	45	17
	70	20	18
	77	13	36
	120	−30	37
	140	−50	8
	160	−70	7
	220	−50	7
	240	−30	28
	252	−18	35
	260	−10	25
	292	22	40
	302	32	41

Datum	p°	b°	I
1958			
Juni 7	50	40	8
	60	30	24
	70	20	22
	85	5	32
	105	−15	33
	120	−30	37
	130	−40	23
	140	−50	8
	160	−70	7
	220	−50	10
	243	−27	36
	257	−13	40
	275	5	15
	285	15	30
	295	25	38
	305	35	37
8	45	45	4
	70	20	28
	80	10	19
	105	−15	32
	115	−25	38
	225	−45	4
	238	−32	7
	257	−13	30
	280	10	15
	295	25	30
9	45	45	8
	120	−30	43
	160	−10	10
	245	−25	21
	255	−15	22
	285	15	33
	305	35	33
14	30	60	10
	70	20	28
	145	−55	15
	160	−70	15
	265	−5	24

Datum	p°	b°	I
1958			
Juni	295	25	40
	330	60	20
15	70	20	34
	110	− 20	14
	150	− 60	12
	300	30	34
17	60	30	14
	80	10	28
	100	− 10	5
	115	− 25	7
	254	− 17	30
	295	25	25
	312	42	29
25	25	65	18
	85	5	44
	100	− 10	46
	210	− 60	24
	245	− 25	33
	285	15	43
	295	25	44
26	30	60	17
	50	40	20
	80	10	43
	150	− 60	13
	210	− 60	14
	245	− 25	35
	280	10	32
	300	30	30
2	55	35	38
	70	20	40
	120	− 30	27
	260	− 10	33
	285	15	28
3	70	20	35
	120	− 30	24
	260	− 10	32
	290	20	25

Datum	p°	b°	I
1958			
Juli 4	45	45	35
	75	15	26
	115	− 25	42
	125	− 35	40
	160	− 70	17
	220	− 50	22
	295	25	37
5	10	80	6
	50	40	24
	60	30	28
	110	− 20	45
	125	− 35	41
	220	− 50	20
	250	− 20	45
	260	− 10	43
	285	15	42
	295	25	36
6	35	55	19
	45	45	27
	55	35	28
	70	20	25
	110	− 20	44
	120	− 30	44
	160	− 70	22
	210	− 60	19
	220	− 50	19
	265	− 5	43
	285	15	32
	330	60	15
8	50	40	22
	82	8	40
	102	− 12	20
	116	− 26	42
	160	− 70	10
	215	− 55	7
	255	− 15	15
	280	10	37

Datum	p°	b°	I
1958			
Juli 9	55	35	25
	70	20	26
	83	7	44
	87	3	32
	120	− 30	37
	135	− 45	14
	155	− 65	11
	215	− 55	11
	255	− 15	18
	287	17	48
10	5	85	4
	20	70	4
	55	35	32
	70	20	44
	120	− 30	28
	160	− 70	12
	255	− 15	20
	285	15	48
	305	35	33
	340	70	6
11	55	35	17
	70	20	34
	85	5	38
	98	− 8	35
	120	− 30	32
	135	− 45	9
	155	− 65	10
11	200	− 70	6
	235	− 35	15
	260	− 10	30
	283	13	42
	295	25	39
	305	35	37
	320	50	12
12	65	25	39
	85	5	35
	100	− 10	23

Datum	p°	b°	I
1958			
Juli	115	−25	24
	125	−35	9
	210	−60	11
	220	−50	17
	240	−30	20
	260	−10	31
	295	25	39
	320	50	7
	340	70	7
13	65	25	42
	112	−22	25
	135	−45	9
	155	−65	8
	215	−55	13
	244	−26	28
	265	−5	33
	300	30	38
	335	65	7
14	70	20	25
	110	−20	19
	135	−45	18
	165	−75	13
	210	−60	17
	250	−20	27
	303	33	40
15	75	15	30
	105	−15	23
	140	−50	15
	210	−60	12
	245	−25	28
	300	30	34
16	50	40	10
	80	10	25
	110	−20	27
	145	−55	14
	220	−50	13
	250	−20	23
	310	40	35

Datum	p°	b°	I
1958			
Juli 18	75	15	23
	115	−25	26
	230	−40	16
	250	−20	17
	290	20	15
	310	40	35
19	75	15	24
	115	−25	23
	210	−60	10
	245	−25	21
	310	40	25
20	75	15	35
	110	−20	31
	150	−60	16
	230	−40	19
	245	−25	20
	295	25	17
	320	50	28
21	50	40	12
	75	15	30
	130	−40	25
	145	−55	17
	240	−30	34
	260	−10	19
	275	5	17
	295	25	22
	320	50	22
25	40	50	8
	55	35	34
	70	20	36
	100	−10	25
	205	−65	4
	252	−18	36
	265	−5	30
	285	15	36
	300	30	29
	315	45	24

Datum	p°	b°	I
1958			
Juli 27	65	25	35
	115	−25	19
	135	−45	17
	225	−45	18
	240	−30	22
	250	−20	25
	265	−5	25
	300	30	44
29	65	25	46
	125	−35	40
	200	−70	10
	230	−40	18
	245	−25	45
	300	30	40
30	65	25	45
	85	5	35
	110	−20	25
	130	−40	27
	155	−65	18
	200	−70	10
	215	−55	13
	260	−10	35
	300	30	30
31	40	50	37
	60	30	50
	85	5	40
	123	−35	35
	130	−40	33
	155	−65	16
	215	−55	8
	248	−22	34
	265	−5	35
	280	10	23
	297	27	34
	307	37	30
	315	45	16
Aug. 1	40	50	26
	50	40	35

Datum	p°	b°	I
1958			
Aug.	65	25	41
	108	−18	35
	125	−35	24
	155	−65	26
	185	−85	2
	215	−55	10
	250	−20	38
	268	−2	34
	290	20	36
	306	36	20
2	50	40	34
	60	30	37
	80	10	30
	110	−20	31
	130	−40	17
	157	−67	28
	295	25	42
4	20	70	6
	40	50	24
	100	−10	23
	115	−25	38
	135	−45	18
	160	−70	30
	215	−55	14
	235	−35	10
	250	−20	24
	260	−10	32
	285	15	40
	300	30	33
	320	50	24
	355	85	4
5	0	90	10
	50	40	34
	120	−30	49
	155	−65	20
	230	−40	25
	265	−5	39

Datum	p°	b°	I
1958			
Aug. 6	40	50	26
	50	40	27
	105	−15	41
	120	−30	47
	155	−65	21
	230	−40	27
	245	−25	28
	275	5	45
	285	15	45
	350	80	12
8	0	90	10
	15	75	12
	30	60	18
	60	30	30
	80	10	45
	100	−10	48
	110	−20	35
	140	−50	28
	160	−70	18
	175	−85	14
	190	−80	18
	230	−40	36
	260	−10	32
	275	5	35
9	15	75	12
	70	20	42
	80	10	43
	140	−50	20
	160	−70	19
	230	−40	39
	255	−15	35
	275	5	44
	310	40	48
	325	55	42
10	40	50	9
	65	25	32
	110	−20	25
	150	−60	10

Datum	p°	b°	I
1958			
Aug.	255	−15	35
	290	20	32
	305	35	33
	315	45	32
11	15	75	5
	65	25	40
	85	5	27
	105	−15	24
	215	−55	25
	245	−25	35
	265	−5	36
	300	30	32
14	17	73	15
	45	45	33
	75	15	43
	105	−15	48
	155	−65	18
	213	−57	25
	260	−10	45
	300	30	48
15	15	75	17
	85	5	47
	210	−60	26
	245	−25	44
16	45	45	19
	75	15	38
	108	−18	47
	205	−65	14
	215	−55	16
	255	−15	43
	295	25	40
17	20	70	17
	35	55	19
	80	10	45
	110	−20	46
	210	−60	23

Datum	p°	b°	I
1958			
Aug.	245	− 25	47
	290	20	44
	315	45	39
18	35	55	9
	75	15	38
	85	5	40
	115	− 25	37
	210	− 60	12
	235	− 35	20
	253	− 17	40
	295	25	25
	320	50	18
19	50	40	18
	72	18	38
	110	− 20	22
	130	− 40	23
	210	− 60	12
	250	− 20	36
	258	− 12	38
	265	− 5	38
	285	15	35
	295	25	33
	320	50	17
22	20	70	6
	105	− 15	36
	140	− 50	28
	210	− 60	13
	240	− 30	14
	265	− 5	36
	290	20	41
	320	50	31
23	68	22	50
	95	− 5	41
	115	− 25	26
	140	− 50	26
	205	− 65	14
	240	− 30	10
1958			
Aug.	257	− 13	28
	290	20	38
	300	30	31
	320	50	30
24	35	55	12
	65	25	36
	75	15	30
	102	− 12	32
	120	− 30	28
	145	− 55	18
	190	− 80	3
	210	− 60	8
	240	− 30	12
	260	− 10	36
	300	30	32
	325	55	12
25	67	23	40
	103	− 13	35
	120	− 30	35
	145	− 55	10
	205	− 65	6
	235	− 35	15
	255	− 15	28
	280	10	15
	300	30	30
	310	40	27
	325	55	9
	350	80	4
26	10	80	5
	30	60	5
	70	20	37
	105	− 15	37
	125	− 35	31
	155	− 65	18
	215	− 55	8
	245	− 25	27
	260	− 10	28
	285	15	35
1958			
Aug.	305	35	35
	315	45	18
27	60	30	37
	115	− 25	32
	155	− 65	14
	205	− 65	11
	245	− 25	38
	280	10	30
	320	50	13
28	70	20	43
	110	− 20	42
	130	− 40	30
	155	− 65	15
	200	− 70	8
	260	− 10	37
	285	15	27
	325	55	11
29	53	37	17
	70	20	24
	120	− 30	27
	250	− 20	28
	295	25	26
30	65	25	28
	110	− 20	28
	250	− 20	30
	295	25	25
31	45	45	20
	70	20	27
	115	− 25	43
	155	− 65	15
	250	− 20	35
	295	25	38
Sept. 1	45	45	11
	75	15	31
	95	− 5	30
	120	− 30	38

Datum	p°	b°	I
1958			
Sept.	155	−65	10
	185	−85	2
	255	−15	33
	280	10	38
	295	25	39
	315	45	22
	325	55	12
2	45	45	14
	78	12	36
	105	−15	36
	125	−35	38
	135	−45	26
	160	−70	16
	235	−35	15
	265	−5	35
	285	15	42
	295	25	36
5	40	50	16
	100	−10	25
	110	−20	23
	130	−40	28
	255	−15	35
	290	20	38
	300	30	40
6	75	15	42
	100	−10	38
	150	−60	16
	245	−25	28
	260	−10	38
	300	30	42
7	75	15	38
	110	−20	38
	245	−25	32
	260	−10	30
	295	25	40
8	15	75	6
	35	55	12

Datum	p°	b°	I
1958			
Sept.	70	20	24
	80	10	27
	110	−20	30
	245	−25	22
	260	−10	30
9	75	15	27
	120	−30	39
	210	−60	11
	250	−20	26
	300	30	35
13	70	20	45
	110	−20	43
	145	−55	14
	210	−60	16
	250	−20	38
	305	35	37
	325	55	17
14	40	50	8
	85	5	40
	115	−25	27
	125	−35	27
	140	−50	19
	250	−20	45
	285	15	40
15	85	5	39
	125	−35	23
	215	−55	20
	260	−10	42
	290	20	30
	320	50	14
16	80	10	38
	95	−5	32
	110	−20	27
	195	−75	10
	205	−65	10
	225	−45	16

Datum	p°	b°	I
1958			
Sept.	255	−15	30
	265	−5	30
	290	20	25
20	80	10	37
	100	10	37
	115	−25	25
	135	−45	14
	250	−20	28
	260	−10	30
	280	10	19
	295	25	30
21	45	45	21
	80	10	37
	100	−10	38
	120	−30	31
	205	−65	10
	225	−45	18
	255	−15	31
	290	20	29
23	55	35	31
	65	25	35
	104	−14	32
	115	−25	30
	155	−65	11
	210	−60	9
	265	−5	34
	290	20	35
25	40	50	11
	70	20	33
	110	−20	38
	120	−30	35
	250	−20	44
	295	25	43
27	80	10	37
	120	−30	39
	225	−45	20

Datum	p°	b°	I
1958			
Sept.	245	−25	25
	255	−15	23
	290	20	42
28	70	20	38
	115	−25	39
	205	−65	10
	245	−25	20
	285	15	34
	305	35	28
	340	70	8
29	75	15	42
	115	−25	45
	125	−35	30
	155	−65	14
	210	−60	10
	265	−5	35
	285	15	42
30	75	15	29
	105	−15	28
	120	−30	31
	135	−45	18
	165	−75	14
	260	−10	23
	295	25	37
	345	75	6
Okt. 3	70	20	36
	117	−27	40
	170	−80	12
	235	−35	12
	255	−15	26
	270	0	30
	295	25	34
	310	40	36
	320	50	28
9	75	15	35
	115	−25	34

Datum	p°	b°	I
1958			
Okt.	250	−20	25
	295	25	22
10	80	10	25
	115	−25	31
	245	−25	17
	255	−15	14
	285	15	24
15	45	45	12
	70	20	25
	80	10	26
	95	−5	27
	115	−25	34
	145	−55	22
	215	−55	25
	235	−35	30
	250	−20	32
	265	−5	38
	305	35	32
	330	60	20
19	45	45	14
	75	15	32
	90	0	30
	145	−55	12
	255	−15	35
	295	25	24
23	65	25	36
	95	−5	44
	105	−15	38
	117	−27	45
	130	−40	48
	165	−75	24
	220	−50	30
	247	−23	50
	260	−10	40
	267	−3	45
	280	10	38
	310	40	48
	330	60	26

Datum	p°	b°	I
1958			
Okt. 24	10	80	3
	55	35	30
	65	25	32
	80	10	46
	105	−15	39
	122	−32	28
	240	−30	41
	255	−15	44
	285	15	42
	300	30	41
	320	50	24
25	20	70	6
	55	35	37
	65	25	39
	85	5	43
	102	−12	47
	135	−54	22
	155	−65	25
	175	−85	2
	205	−65	15
	254	−25	45
	265	−5	49
	287	17	47
	300	30	44
	345	75	5
26	10	80	3
	20	70	3
	55	35	41
	70	20	37
	82	8	40
	117	−27	48
	125	−35	35
	160	−70	19
	190	−80	2
	240	−30	33
	250	−20	35
	265	−5	41
	308	38	30
	330	60	7

Datum		$p°$	$b°$	I
1958				
Okt.	27	35	55	25
		65	25	30
		75	15	35
		110	− 20	45
		235	− 35	32
		265	− 5	49
		305	35	19
	28	15	75	11
		25	65	10
		60	30	42
		70	20	42
		80	10	45
		120	− 30	49
		130	− 40	45
		160	− 70	22
		210	− 60	21
		240	− 30	32
	29	55	35	38
		80	10	50
		115	− 25	46
		235	− 35	35
		255	− 15	44
		270	0	48
		290	20	35
		305	35	37
	30	50	40	36
		75	15	46
		85	5	47
		110	− 20	45
		125	− 35	39
		135	− 45	39
		160	− 70	23
		190	− 80	7
		215	− 55	12
		135	− 35	22
		265	− 5	45
		290	20	32
		305	35	35

Datum		$p°$	$b°$	I
1958				
Okt.		335	65	14
		345	75	11
	31	35	55	11
		75	15	45
		110	− 20	46
		140	− 50	27
		150	− 60	16
		205	− 65	17
		260	− 10	47
		285	15	32
Nov.	2	55	35	37
		75	15	32
		90	0	28
		110	− 20	28
		135	− 45	20
		150	− 60	16
		210	− 60	9
		255	− 15	33
		265	− 5	38
		290	20	27
		305	35	19
		330	60	10
	24	50	40	44
		80	10	38
		95	− 5	42
		110	− 20	44
		225	− 45	18
		280	10	22
	25	45	45	44
		70	20	34
		85	5	34
		105	− 15	42
		230	− 40	24
		255	− 15	30
		285	15	22

Datum		$p°$	$b°$	I
1958				
Nov.	26	40	50	15
		50	40	19
		80	10	29
		115	− 25	33
		135	− 45	20
		260	− 10	29
		290	20	17
		300	30	16
	27	44	46	38
		60	30	28
		79	11	40
		85	5	40
		101	− 11	38
		118	− 28	38
		140	− 50	27
		160	− 70	21
		195	− 75	15
		225	− 45	16
		308	38	36
	28	55	35	34
		75	15	44
		105	− 15	42
		135	− 45	18
		160	− 70	16
		195	− 75	13
		265	− 5	50
		320	50	19
Dez.	1	72	18	40
		107	− 17	33
		131	− 41	11
		165	− 75	13
		185	− 85	4
		260	− 10	38
		305	35	34
		340	70	2
	3	35	55	7
		80	10	40

Datum	$p°$	$b°$	I
1958			
Dez.	105	− 15	41
	145	− 55	22
	170	− 80	20
	220	− 50	16
	257	− 13	41
	285	15	31
	295	25	35
	305	35	39
4	25	65	8
	105	− 15	43
	155	− 65	12
	175	− 85	19
	255	− 15	45
	285	15	42
5	85	5	42
	100	− 10	44
	125	− 35	28
	175	− 85	18
	220	− 50	13
	235	− 35	22
	255	− 15	39
	285	15	32

Datum	$p°$	$b°$	I
1958			
Dez. 6	20	70	6
	35	55	11
	60	30	22
	80	10	42
	95	− 5	46
	125	− 35	42
	160	− 70	22
	265	− 5	50
	275	5	46
	285	15	50
	305	35	39
7	60	30	25
	130	− 40	42
	160	− 70	20
	195	− 75	12
	215	− 55	21
	235	− 35	27
	265	− 5	38
	285	15	45
	305	35	42
	315	45	40
26	75	15	26
	105	− 15	34
	140	− 50	14

Datum	$p°$	$b°$	I
1958			
Dez.	160	− 70	8
	220	− 50	8
	270	0	38
	290	20	36
	310	40	28
	325	55	14
28	50	40	21
	80	10	38
	95	− 5	30
	110	− 20	39
	140	− 50	26
	215	− 55	11
	255	− 15	36
	295	25	37
30	45	45	21
	65	25	32
	80	10	42
	100	− 10	43
	140	− 50	23
	160	− 70	16
	215	− 55	16
	255	− 15	27
	290	20	40
	320	50	14

Petri W.: Katalog der galaktozentrischen Bahnelemente von 353 Sternen der Sonnenumgebung S 12.—

Schrutka-Rechtenstamm G.: Relative Höhenbestimmungen auf dem Monde mittels des Pariser Mondatlasses und visueller Messungen am Fernrohr. S 30.—

Schütte K.: Galaktozentrische Bahnelemente von 1026 Fixsternen in der nächsten Umgebung der Sonne (Teil IV u. V) (mit 4 Abbildungen). S 26.90

Widorn Th.: Lichtelektrische Beobachtungen am 33-cm-Astrographen der Universitätssternwarte Wien (mit 2 Abbildungen). S 10.90

1955 (S II, Bd. 164):

Ferrari d'Occhieppo K.: Direkte Relationen zwischen ekliptikalen, galaktischen und azimutalen Koordinaten. S 39.50

Ferrari d'Occhieppo K.: Die Massen der Delta Cephei- und RR-Lyrae-Sterne (mit 1 Abbildung). S 7.—

Franz O.: Strahlungsenergetische Parallaxen von 400 Doppelsternen (mit 8 Abbildungen). S 90.40

Haupt H.: Eine ungewöhnliche Spektralaufnahme einer Protuberanz am Koronographen (mit 2 Abbildungen). S 5.90

Hopmann J.: Zur Statistik der visuellen Doppelsterne. S 32.—

Schrutka-Rechtenstamm G.: Zur Physischen Libration des Mondes. S 78.—

GPSR Compliance
The European Union's (EU) General Product Safety Regulation (GPSR) is a set of rules that requires consumer products to be safe and our obligations to ensure this.

If you have any concerns about our products, you can contact us on

ProductSafety@springernature.com

In case Publisher is established outside the EU, the EU authorized representative is:

Springer Nature Customer Service Center GmbH
Europaplatz 3
69115 Heidelberg, Germany

www.ingramcontent.com/pod-product-compliance
Ingram Content Group UK Ltd.
Pitfield, Milton Keynes, MK11 3LW, UK
UKHW021929190726
13853UKWH00002B/947